全球变迁

撰文/倪宏坤　　　审订/李美慧

中国盲文出版社

怎样使用《新视野学习百科》?

> 请带着好奇、快乐的心情，展开一趟丰富、有趣的学习旅程！

1 开始正式进入本书之前，请先戴上神奇的思考帽，从书名想一想，这本书可能会说些什么呢？

2 神奇的思考帽一共有 6 顶，每次戴上一顶，并根据帽子下的指示来动动脑。

3 接下来，进入目录，浏览一下，看看这本书的结构是什么，可以帮助你建立整体的概念。

4 现在，开始正式进行这本书的探索啰！本书共 14 个单元，循序渐进，系统地说明本书主要知识。

5 英语关键词：选取在日常生活中实用的相关英语单词，让你随时可以秀一下，也可以帮助上网找资料。

6 新视野学习单：各式各样的题目设计，帮助加深学习效果。

7 我想知道……：这本书也可以倒过来读呢！你可以从最后这个单元的各种问题，来学习本书的各种知识，让阅读和学习更有变化！

神奇的思考帽

客观地想一想

用直觉想一想

想一想优点

想一想缺点

想得越有创意越好

综合起来想一想

? 地球真的在变热吗？你注意到哪些现象？

? 你最害怕哪种气候变化？

? 我自己可以做些什么，使地球的环境变得好一点？

? 我们现在的生活中，哪些事情对环境伤害最大？

? 我觉得可以发明什么来改变地球的环境问题？愈有想象力愈好。

? 如果地球的温度持续上升，可能会产生哪些影响？

目录

■神奇的思考帽

CONTENTS

什么是全球变迁

（图片提供/欧新社）

20世纪90年代以来，全球变迁的议题在国际间越来越受重视，探讨的范围也很广，从气温的变化、大气成分的改变、海平面上升，到疾病的传播、农作物的收成、生态系统的改变等，这些问题与全世界的人都息息相关。

自然和人为的影响

全球变迁是指整个地球的环境改变。地球的状态一直都在改变，在人类还没出现以前，地球就经历了火山、冰河、板块漂移等重大事件的影响，至今仍未停止。但是，目前探讨的"全球变迁"，主要是人类造成的影响，例如使用氟氯碳化合物，造成极地上空臭氧层的臭氧浓度降低；陆海空交通频繁而加速疾病的传播与外来物种的入侵。

在全球环境变迁的众多项目中，最受瞩目的是当前地球的气温持续上升，也就是"全球变暖"。这个现象加速了环境、甚至经济的改变，对人类的影响最直接。

从2005年9月的地球卫星图（下图），可以看出北极地区的海冰比1979年（右图）减少许多，科学家指出这20年来，北极地区的终年海冰大约少了20%。（图片提供/NASA）

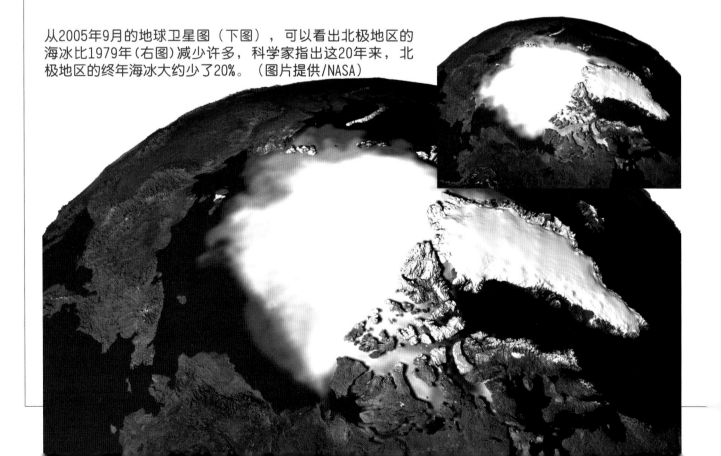

加拿大赫森湾的北极熊母子。北极熊在冰雪上繁殖、活动，近年来北极地区的冰雪变少变薄，威胁了北极熊的生存。（图片提供/达志影像）

2005年美国布什总统搭乘军用卡车巡视新奥尔良灾区。全球变暖后，原本在热带海域形成的飓风，也出现在较北的海面了，例如卡翠那飓风。（图片提供/欧新社）

人类的影响力

一般认为全球变暖的现象，主要是人类燃烧石油、煤、天然气等石化燃料所造成的。但是，即使没有人类，地球的气候也会有变动，例如在地质年代中曾反复出现冰河时期，而地球最近的一次小冰河时期，大约发生于15—19世纪初，历时数百年。因此，在全球变暖的现象中，人类影响的层面究竟有多严重、该如何改善和预防，都必须更精细地研究。

2005年非洲南部发生10年来最严重的干旱，马拉维有大半人民面临饥饿的威胁，图中的孩子正在捡拾掉落在地上的玉蜀黍种子。（图片提供/欧新社）

谁该为温室效应负责

1997年的"京都议定书"，让大家注意到人类活动所产生的二氧化碳，会造成严重的温室效应，而使得全球的气温上升，并延伸到其他环境的变迁。其实，除了二氧化碳，甲烷、一氧化氮、氟氯碳化合物等，都是会造成温室效应的"温室气体"，而且这些气体的温室效应能力更为强烈。另外，部分温室气体来自大自然，例如白蚁在啃食木头的过程中，肠内的鞭毛虫会将木头的纤维素分解成葡萄糖和甲烷。白蚁的数量非常庞大，似乎白蚁也要为温室效应负起部分责任呢！

早期人类与气候变迁

虽然一般认为人类对气候的影响，集中在18世纪工业革命之后，但从研究地层和冰核等的地质记录发现，人类的活动可能在更早之前，就已经对气候产生影响了。

当人口大量增加、饮食习惯改变，过度的耕种与畜牧便开始影响地球的环境。（摄影／巫红霏）

生产方式对环境的影响

环境学家相信，人类从刚开始出现，就对环境产生很大的影响，因为当时人类只能靠打猎和采集等单纯取用资源的方式谋生。地层记录也显示，当人类在亚洲和非洲出现，并迁移到欧洲、美洲、澳大利亚的过程中，经过的地区都发生过大型动物快速灭绝的事件，例如新西兰的恐鸟、北美洲的长毛象、澳大利亚的大蜥蜴等。一直到人类发展出农耕、养殖等技术之后，对环境的负面影响才慢慢减小。但随着人口增加、工业与科技进步，人类对环境的影响又开始倾向负面，而且情况越来越糟。

位于北极地区的格陵兰岛，85%以上长年被冰层覆盖，科学家从当地的冰层，可以推知地球远古的气候。近年来，当地冰层的融化速度也在加快，图为融化的湖。（图片提供／绿色和平）

历史上的干旱事件

许多地质证据都显示地球曾发生过严重的干旱事件，例如墨西哥的奇昌卡那湖中，两种贝类化石经过^{18}氧同位素的探测，结果发现在8—10世纪间，当地曾发生非常严重的干旱，而这正好是玛雅文明没落的时期。公元前两千多年，波斯湾出现兴盛一时的阿卡德帝国，在它邻近的阿曼海湾地层中，火山灰显示出曾经突然发生过干旱，并可能直接导致帝国的衰落。这些干旱的起因

自古以来，人类便为了各种用途而砍伐森林，造成自然生态的破坏。

可能都来自于人类对环境的超限利用，而结果往往也毁灭了整个文明。

人为的干旱

人类造成干旱的原因，多半是对森林过度砍伐，影响了水的循环。森林有重要的蓄水功能，有了森林，当降雨时，雨水才会保存在土壤中，形成河、湖或地下水。一旦森林消失，下雨便会造成土壤和水分的流失；而没有森林，太阳的直接辐射更使水分快速蒸发，形成高温。

公元250—900年，在墨西哥与邻近国家出现玛雅文明。科学家推测玛雅文明的没落可能和气候干旱有关。图为当时玛雅人的球场。（图片提供/达志影像）

太平洋上以巨石群闻名的复活岛，曾经有过人类文明，但如今岛上只剩零星的杂草和野鼠生存。从地层记录中发现，复活岛曾经是遍地开花植物和森林的丰饶岛屿，可能就是这些森林滋养了能建造巨石群的进步文明，但人们在运送巨石与建造巨石像的过程中，大量砍伐森林。当森林消失了，岛上的生态系统毁坏了，导致食物短缺，人类也无法在岛上生活。

现在的复活岛上，只留下大型雕刻石像，而茂盛的森林已无踪影。（图片提供/达志影像）

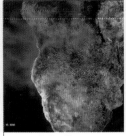

全球变暖

（图片提供/NASA）

0.6℃是公元1901—2000年全球平均气温上升的数字。这小小的数字，为什么能引起科学家的密切关注？

自然系统的"缓冲"作用

自18世纪工业革命以来，人类越来越依赖石油、天然气与煤炭，也因而对全球气候产生深远的影响。

如果100年来，地球的平均气温只上升0.6℃，那么合理推算2100年地球的平均气温应该只比现在高0.6℃。科学家却预估，到了2100年，地球的气温可能将比2001年高出1.4—5.8℃。为什么呢？

自然系统都有某种程度的"缓冲"作用，有外在因素影响时，不会马上显现后果，直到超出系统的负荷，才会表现出来。最明显的例子，就是南极上空臭氧层的破洞。从20世纪80年代人们发现这个破洞后，臭氧消失的速度就有增无减，甚至在1987年"蒙特利尔议定书"推动氟氯碳化合物减量使用后，臭氧层的破洞仍无改善。因此，自然系统是不反应则已，一反应就惊人，并且难以挽回。

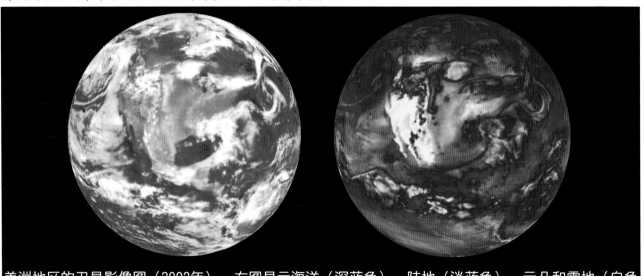

美洲地区的卫星影像图（2002年），左图显示海洋（深蓝色）、陆地（淡蓝色）、云朵和雪地（白色和蓝色）。由于它们将太阳热能反射回去的比例，依次是小、中、大，所以在右图，海洋和陆地的温度较高（红色、黄色），云朵和雪地的温度最低（蓝色）。如果冰雪大量融化，地球温度就会明显升高。（图片提供/NASA）

气温还会上升多少

虽然科学家预测2100年地球的平均气温，将比2001年高出1.4—5.8℃，但到时真正会上升多少度，科学家们没办法确定。毕竟我们不知道未来在工业或科技上将有什么变化，而人类对生态系统运用及反应的认知也还很有限。

1.4—5.8℃，其实是很大也不精确的范围。即使现在人类立刻停止释放二氧化碳，地球的平均气温还是会上升。但是，如果人类不采取任何对策，到了2100年，全球变暖的状况恐怕更严重，可能会比2001年高出6℃。

下图：2003年法国南部在严重干旱后不久，又出现大水灾，显现出非旱即涝的极端气候。（图片提供/绿色和平）

电脑如何预测气温变化

根据电脑的模拟预测，2001—2100年的地球平均气温上升的范围是1.4—5.8℃，差异大到接近400%。从严谨科学的角度来看，这样的预测等于没有预测。实际上，目前的气象科学还无法准确预测10天后的气温，更何况要推测100年之后的气温了。

气候变化是非常复杂的综合现象，人类所知有限，因此无法准确推断未来气候的变化。

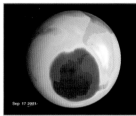

臭氧层与气候关系密切，是科学家持续观察的对象。图为2001年9月南极臭氧层的卫星照片，深蓝色是臭氧层最稀薄的范围，约等于北美洲的面积。（图片提供/NASA）

在这种情况下，长期的气温预测有很大的不确定性。但是，若因此忽略了科学家对未来平均气温上升所提的警告，而不去修正目前超限使用能源的情况，地球的环境只会更加恶化。

上图：干旱的气候容易引起森林大火，图为2003年葡萄牙发生20年来最严重的森林大火。（图片提供/绿色和平）

二氧化碳与温室效应

二氧化碳会产生温室效应，而燃烧石油、煤、天然气等石化燃料，会产生大量的二氧化碳，因此成为人类影响全球变暖最可能的原因。

究竟增加了多少二氧化碳

1996年，联合国政府间气候变化专业委员会（IPCC）公布了1001—2000年间，大气中二氧化碳浓度的变化。根据资料，地球大气中的二氧化碳浓度曾稳定维持了很长一段时间，但从1800年（工业革命）之后，开始增加；1950年以后，更是急剧地直线上升。从1950—2000年，大气中二氧化碳的浓度从316ppm（百万分之一）增加到376ppm。地质资料也显示，地球大气层中的二氧化碳浓度是随着冰河期而变化的：冰河期来临，二氧化碳减少；冰河期退去，二氧化碳增加。但是，即使是在历史上二氧化碳最多的时期，也比不上人为因素造成二氧化碳的增加。

左图：机动车排放的气体是制造温室气体的主要来源之一，而汽油的提炼也会大量释放二氧化碳。

右图：树木原来会吸收二氧化碳，被砍伐之后，使大气层中二氧化碳问题更加严重。（图片提供/绿色和平）

温室效应的形成

太阳照射到地球上的能量，是带有极高能量的短波辐射，这些能量约有30%被直接反射出大气层外，20%被大气吸收，其余的50%提供地球热能。

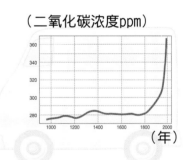

（二氧化碳浓度ppm）

由二氧化碳浓度的变化可看出公元1800年以后其浓度大幅升高。（制表/陈淑敏）

地球的水和土地吸收了太阳的能量后，会缓慢地把所吸收的热能中的一部分，以红外线的长波辐射释放出来。如果长波辐射遇到

STOP FOREST CRIME

二氧化碳等温室气体，就会被吸收、截留在大气层内。这种现象与温室的玻璃罩子把热能留在温室内的情况十分相似，被截留的长波辐射热能因此会在地表与温室气体间不断来回辐射。如果温室气体在大气层中的浓度逐渐升高，大气层中的温度也会逐渐升高。

太阳系的金星，温室效应也十分显著。
（图片提供/NASA）

温室效应与全球变暖。
（插画/吴仪宽）

温室气体

"温室气体"是指会吸收红外线长波辐射的气体。除了二氧化碳（CO_2），还有氧化亚氮（N_2O）、甲烷（CH_4）、氟氯碳化合物（CFC）等，这些都是人类发展工业后的产物。

在所有温室气体中，二氧化碳吸收红外线辐射的能力并不是最强的。依据联合国政府间气候变化专业委员会（IPCC）2001年的报告，甲烷的吸附能力是二氧化碳的23倍、氧化亚氮为296倍、氟氯碳化合物则高达数千至1万多倍。不过，二氧化碳在地球大气层中的浓度远高于其他温室气体，因此对温室效应的影响还是最大。

温室气体在大气中可以存在很长的时间：二氧化碳为100—120年，甲烷为12—18年，氧化亚氮则为114—120年。这些气体存在于大气中又无法"回收"，因此即使人类立刻停止排放温室气体，之前所产生累积的量，仍然会持续影响地球气候。

太阳辐射出来的能量，波长较短，大半能穿过大气层抵达地球表面。

从地球幅射出来的热能，波长较长，如果遇到温室气体，会被截留在大气层：当温室气体不断增加，气温就跟着升高。

30%的太阳辐射会被大气层反射出去。

50%的太阳辐射抵达地球表面，其中小部分会被冰河等地区反射出去。

20%的太阳辐射会被大气层吸收。

甲烷 CH_4

氧化亚氮 N_2O

二氧化碳 CO_2

氟氯碳化合物 CCL_2F_2

温室气体来源有自然和人为的，其中人为造成的温室气体最主要的有二氧化碳、甲烷、氧化亚氮和氟氯碳化合物等。

京都议定书

随着工业的发展、人口的增加，人类大量消耗能源，破坏自然，造成了地球大气中的温室气体浓度大增。如今，地球大气中的二氧化碳、甲烷、氧化亚氮的浓度几乎已达40万年来的最高，而且没有下降的趋势。

上图：水稻田会释放甲烷，如果采用氮肥，还会制造氧化亚硫。

下图：喷雾罐的喷剂由氟氯碳化合物制成。

京都议定书的由来

1997年，联合国政府间气候变化专业委员会（IPCC）针对温室效应的现象，提出"京都议定书"国际条约，希望借由约束各国排放二氧化碳（CO_2）、甲烷（CH_4）、氧化亚氮（N_2O）、氢氟碳化物（HFCs）、全氟化碳（PFCs）、六氟化硫（SF_6）等6种温室气体的总量，来减缓大气中各种温室气体浓度增加的速度。科学家们希望，在

京都议定书实行的10年之后，温室气体的排放量能减少5.2%，使大气中温室气体的浓度降低到1990年的水平；并在2100年，使地球的气温降低0.04℃。

为什么拒签京都议定书

京都议定书是否能落实，关系着地球和人类的未来，但是美国却拒绝签

温室气体的问题需要大家一起来改善，试试这些事情。（插画/吴仪宽）

随手关灯，1年可减少3.6千克的二氧化碳排放。

每天减少使用空调1小时，1年可减少6千克的二氧化碳排放。

以里程100公里计，5次开小客车改成搭巴士，可减少26.6千克的二氧化碳排放。

种一棵树，1年可吸收4.5千克的二氧化碳。

1990—1999年世界各地排放二氧化碳的比例。（制图/陈淑敏）

中东2.6%　非洲2.5%　澳大利亚1.1%
中南美洲（含墨西哥）3.8%
中国、印度、亚洲发展中国家12.2%
日本3.7%
前苏联13.7%
欧洲27.7%
加拿大2.3%
美国30.3%

动物的排泄物经过发酵、分解，也会产生甲烷。

网球、球鞋等都会加入六氟化硫以增加弹性。

署。美国向来就是世界上排放二氧化碳最多的国家，其中有一半的二氧化碳是家用小客车产生的。一旦美国签署京都议定书，就必须在10年内削减约7%的二氧化碳排放量，这代表不仅美国的工业发展将受到影响，一般家庭也会受到限制。虽然目前有风力发电、太阳能、地热等能源可供利用，却不足以解决问题。

我的小温室

你住在"水泥森林"里面吗？不妨动手做个小温室，让住家环境更添加绿意。

2.先将有机培养土放进罐内，约1/3满即可。然后将植物一株一株种到土里，可利用筷子或长汤匙辅助。

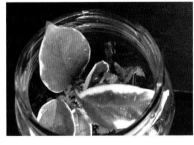

1.准备材料：塑料或玻璃空罐1个（附瓶盖）、有机培养土、喜欢温暖潮湿的蕨类、观叶植物。

3.等植物栽种好之后，记得先浇水，让土壤保持湿润。然后将盖子盖上，放在窗边等阳光充足的地方，约3—4天浇1次水。属于自己的小温室便完成了！

海平面上升

气温上升会造成极地的冰雪融解、使海平面上升，这可能是全球变暖对人类最直接的影响。太平洋上有些小国（例如图瓦卢），已经开始淹水，甚至担心被海洋"亡国"的命运。

太平洋岛国基里巴斯的小村庄，由于曾受海水侵袭，使得原来的井水变咸，无法饮用。（图片提供/绿色和平）

海平面的确在上升

过去一个世纪，地球的气温已上升了0.6℃；尤其以1991—2000年为有史以来最热的10年，并以1998年为最热。

0.6℃看起来好像是小数字，其实不然。这个温差足以造成巨大的变化：原来被冰雪覆盖的土地少了大约10%、许多的冰河都在消融、2000年的海平面比1880年高出14厘米。专家推测，到21世纪结束时，海平面可能比1990年高出9—88厘米。

2004年上映的电影《后天》，描述了温室效应引起全球环境一连串的巨大改变，包括美国纽约被海水淹没以及进入冰河状态。这虽然是科幻片，但引起了大家对气候变化的关注。（图片提供/欧新社）

挪威靠近北极的群岛上，1922年（上）和2002年（右下）的冰河变化，冰河几乎退后了2公里。（图片提供/绿色和平）

海平面变动的因素

影响地球海平面变化的因素很多，除了温室效应之外，还有太阳和月亮的活动（造成潮汐）、地球的万有引力，以及地球板块的运动。这么多的变数，使科学家无法准确预测未来海平面的高度，只能得出9—88厘米这个笼统的数字，而其中有多

乞力马扎罗山的冰河减少了

非洲第一高峰乞力马扎罗火山是世界最雄伟的高山之一。虽然它位于赤道附近，却因为高达5,896米，产生不可思议的冰河奇观。但是这条冰河从1800年开始，就持续融化，至今只剩2.5平方公里的面积。它是人类影响冰河融化的证据。因为人们砍伐山下的雨林，使空气不再带有足够的水汽，即使山顶气温零下好几度，也不再有水汽可制造大量的冰河了。

少上升高度是来自人类的影响，这也难倒了科学家。

此外，大约从6,000年前开始，地球的海平面就一直在缓慢上升，速度约为每100年10厘米，这是从18,000年前持续至今的融冰现象所造成的。至于人类对气候所造成的影响，则是最近100年的事。以100年的温室效应，加上18,000年的融冰效应，难怪会令人对海平面的上升感到忧心忡忡。

太平洋上的小岛面积狭小，海平面上升对这些小岛的威胁最大。

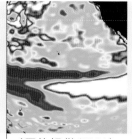

圣婴现象

（图片提供/NASA）

20世纪末，圣婴现象加剧，火灾、水灾频传，在许多国家造成严重的灾难。推究其原因，可能也是全球变暖带来的后遗症。

什么是圣婴现象

"圣婴现象"是指在太平洋的热带海洋区域的气候发生异常，造成一些地区干旱而另一些地区又降雨过多。在正常情况下，东太平洋（邻近美洲）的海水温度较低，盛行高气压的下降气流、气候干燥；西太平洋（邻近澳大利亚、印尼、菲律宾）则海水温度较高，盛行低气压的上升气流、温暖多雨。因为风是由气压高的地方吹向气压低的地方，所以盛行东风。东风把东太平洋表层的海水吹往西太平洋，东太平洋下层的海水就不断往上层对流，同时把深海的养分带上来，滋养丰富的浮游生物和鱼类，在南美洲（秘鲁及厄瓜多尔）沿海形成渔场。

美洲

圣婴现象发生在赤道两侧的太平洋，大约每2—7年发生1次，经常发生在圣诞节前后。（插画/吴仪宽）

澳大利亚

发生圣婴现象时，太平洋东西边的气压改变，成为西边高、东边低，风和海水便从西边或中间流向东边，往往造成东边沿岸地区下暴雨，西边却闹干旱。

正常期间，东太平洋的气压高、西太平洋的气压低，因此温暖的东风吹向西边，造成降雨；东边沿海则因表层海水流向西边，使得下层海水上升，带来养分，形成渔场。

1997年圣婴现象发生时，卫星照片清楚显示太平洋海水的变化。白色和红色显示温度高而且海平面明显上升；紫色则显示海平面比平常下降。这次圣婴现象特别强烈，影响很大。（图片提供/NASA）

10 Dec 97
NASA

但圣婴现象出现时，东太平洋的水温会上升许多、气压下降，气候变得湿热多雨，造成水灾；西太平洋则水温下降、气压上升，雨量不足，造成干旱。太平洋东西两边的气压差异变小，东风也跟着减弱，海水吹不过去，也使得底层海水无法上升，养分上不来，渔获也跟着锐减。由于这种现象常发生于圣诞节前后，便称为"圣婴现象"。

1997年，圣婴现象造成西太平洋的巴布亚新几内亚严重旱荒。当地人民正接受邻近国家澳大利亚支援的粮食。（图片提供／欧新社）

反圣婴现象

地球上很多事物都有一正一反，因此也有"反圣婴现象"。反圣婴现象发生时，东太平洋的水温更低、气压更高、雨量更少；西太平洋则水温更高、气压更低、雨量更多。于是赤道东风更强，将更多温暖的海水吹向西太平洋，东太平洋的海水对流也更为强烈。圣婴现象通常会造成气候异常，例如冬暖夏凉；反圣婴现象则会使冬天更冷、夏天更热。

全球变暖，圣婴现象加剧

圣婴现象的真正原因，目前还不清楚。但当美洲沿海的水温连续几个月比正常值还高时，它就开始形成了，并且维持一年半左右。圣婴现象大约每2—7年发生一次，20世纪发生过24次。

不过值得注意的是，全球变暖导致海水温度上升，会使圣婴现象产生越来越严重的影响。有史以来最严重的圣婴现象发生于1997—1998年，东太平洋的海水温度比正常高出5℃，造成美洲严重的水灾和渔获减少，澳大利亚则因干旱而农作物歉收以及发生延烧不尽的森林大火。

1997年12月圣婴现象发生，东太平洋的美洲沿海因为天气温暖，乌贼、沙丁鱼等减少，造成海狮食物短缺。图为加州附近的小岛，当时大约已有6,000只小海狮饿死。（图片提供／欧新社）

消失的森林

（摄影/张君豪）

　　都市的"水泥森林"增加了，阻碍热的循环；同时地球的"自然森林"减少了，强化干旱现象。当地球的绿意越来越少时，这个世界的"火气"也就越来越高。

都市热岛效应

　　过去200年来，大气中的二氧化碳虽然增加很多，但仍然只占大气总体的一小部分。因此使地球气温升高的，除了二氧化碳之外，一定还有其他重要的因素。

　　虽然地球的气温上升了，但不是所有地方气温都在上升。事实上，过去100多年来，都市气温上升的幅度比乡村高得多，这是"都市热岛效应"所造成的。由于都市多是水泥地，使得大气中的水分无法被土壤或植物吸收后，再将

在建筑物的墙壁或屋顶种上植物，可以改善都市的炎热问题。（摄影/张君豪）

在全球变暖中，都市增温的情形尤其明显。

水泥建筑加上空调的散热，使都市温度明显高于郊区。（摄影/张君豪）

水分蒸发返回大气，因此当太阳辐射的热量照射到都市地表时，接近地面的大气无法经由水汽蒸发来降低温度，于是热的循环被堵住了。热留在地表附近，都市气温就会上升。

　　由于全世界的都市不断扩大，地球的平均气温也就提高，从而成为全球变暖的因素之一。

亚马孙森林的危机

　　都市的"水泥森林"（高楼大厦）增加了，与此同时地球的"自然森林"却减少了。地球上最大片的森林是南美洲的亚马孙雨林，这片森林因为不断被砍伐，正在迅速缩小。当树林减少，树木蒸发的水汽也会减少；空气中少了水汽，降雨也跟着减少，形成干旱。干旱又使更多的树林消失，甚至引发大规模火灾。这就是一种"恶性循环"，也是全球变暖的另一因素。

　　亚马孙雨林地区的降雨，有一半来自森林蒸发出来的水汽，它们在空中凝结成雨，剩下的才是来自河川蒸发或海上飘来的云层。因此若一直砍伐下去，亚马孙高大茂密的雨林将会消失，只剩下草地和低矮的灌木。

大量的森林砍伐，会使地球气温升高。图为2005年，巴西境内的亚马孙森林出现40多年来最严重的干旱，造成部分河道枯竭。（图片提供/绿色和平）

以红外线拍摄欧洲国家的城市建筑，可以看出严重的散热。（图片提供/绿色和平）

圣婴现象和森林大火

　　地球的生态系统非常微妙，影响环境变化的各种因素，彼此之间会相互影响、相互牵动。1998年同时发生的严重圣婴现象和森林大火，就是典型的例子。

　　当圣婴现象造成干旱时，森林火灾会比平常来得猛烈。而燃烧产生的烟尘不但会杀死树木的幼苗，更会阻挠大气中的水分凝结，无法形成雨水降下来，导致干旱更为严重。印尼的热带雨林差不多已被砍伐了80%，到了圣婴期间，很容易发生森林火灾。火灾过后，因为烟尘笼罩，气候转为干燥，加上林木枯萎，要恢复林相就困难重重了。

沙漠化与沙尘暴

古代西域盛极一时的楼兰文明，因为沙漠化而从历史上消失；如今有1,500万人口的北京，也因为邻近沙漠，饱受威胁。在全球变迁之中，"沙漠化"的影响不容大家轻忽。

日益扩张的沙漠

地球有些地方潮湿多雨，形成雨林；有些地方却超级干燥，变成沙漠。世界上最大的两个沙漠，是非洲的撒哈拉沙漠和中国的塔克拉玛干沙漠。沙漠是自古就有的，但"沙漠化"却是人类活动所造成的。

沙漠的外围通常有草原，因缺乏水源不适合耕作，只适合放牧。但因为世界人口不断增加，为了粮食的需要，放

中国西北一带，沙漠化的情况严重。当羊没有草吃的时候，就会吃其他羊的毛发，因此人们为这只受攻击的羊穿上"衣服"。（图片提供/绿色和平）

牧的牛羊越来越多，草地很快就被啃光；加上人类的不当开发，草原上的植物很快就消失了。原本绿油油的草地，很快就"沙漠化"，变成光秃秃的荒地。目前地球沙漠化的

内蒙古有些地区已经沙漠化，居民不得不迁移他处。（图片提供/绿色和平）

沙尘暴的移动范围很大，图为非洲的沙尘暴正吹向红海。（图片提供/NASA）

1997年时速高达90公里的沙尘暴横扫埃及开罗，连大型看板都不支倒下。（图片提供/欧新社）

速度非常快，每年约有1%的陆地变成了沙漠化的地区。

被沙尘杀死的珊瑚

从20世纪80年代初期开始，加勒比海的扇形珊瑚受到某种真菌的侵袭而死亡。科学家经过仔细追查后发现，这个"凶手"竟然是来自几千公里外撒哈拉沙漠的一种真菌，它们随着沙尘暴来到加勒比海"行凶"。

通常微生物无法在空气中存活很久，因为阳光的紫外线会杀死它们；但在厚浊的沙尘暴中，紫外线会因沙尘的遮蔽而减少威力，延长微生物存活的时间。由于沙尘暴威力猛、速度快，对世界各国的防疫系统已经构成严重的威胁。

 ## 沙尘暴的威力

沙尘暴的形成，除了要有沙源，还要有不稳定的空气搅动，以及强风的吹送。中国西北地区由于过度开发，近年来所造成的沙尘暴最引人注目。

每当春天来临，强风从中国新疆的塔克拉玛干沙漠和外蒙古的戈壁沙漠吹起时，亚洲的沙尘暴就来了。沙尘暴遮天蔽日，不仅破坏建筑、损毁作物、阻碍交通、掩埋水源、流失土壤，而且造成严重的空气污染，导致家禽家畜暴毙，人类致病机会增加。亚洲的沙尘暴甚至漂洋过海，吹送到日本、韩国，甚至太平洋东岸的美国。专家越来越担心，如果传染病的病菌搭上沙尘暴的"便车"，灾情将更难控制。严重的沙尘暴不是常常有，但发生越来越频繁，造成的损失也越来越严重。

动植物的迁移

（摄影/张君豪）

当环境越来越热、难以居住时，动植物也要搬家。可是有的走得快，有的走不了，这都对环境造成深远的影响。

 ## 有的跑不走

加拿大的云杉随着冰河后退而北移，但是它的脚步跟得上气候改变的速度吗？（图片提供/达志影像）

当全球的气候变得越来越暖时，偏好寒冷环境的动植物就得赶快搬家了，不是往高纬度的极区、就是往高海拔的山地移动。可是人类可以在几天内搬家，植物却要花很久的时间才能迁移；如果迁移的速度赶不上气候变化的速度，那会产生什么结果？

研究物种的迁移需要很长的时间。9,000年前，冰河在北美洲融解时，每100年大约撤退190公里，喜好寒冷的云杉也尾随冰河，逐渐在加拿大和阿拉斯加一带生长。但云杉每100年只北移8—40公里，比冰河撤退速度慢多了。如今全球快速变暖，气候带北移的速度如果太快，植物迁移速度根本赶不上；植物可能无法适应越来越热的环境，就会有灭绝的危机。

冬天过后，北极熊便乘着浮冰四处去猎捕海豹，然而全球变暖后，春天的浮冰提前融化，使得北极熊的活动范围大受影响，食物来源也跟着减少。（图片提供/绿色和平）

有的跑太快

地球平均气温升高的另一个影响，就是原来只住在温暖环境的昆虫往北迁移；而且在温暖的气候下，昆虫的生命周期改变，从卵到成虫的时间变短了，可能在一年内就繁衍好几代，族群数量大大增加。有一种蝇类，本来从不出现在瑞典北部，但因为气温升高，不仅飞过来，而且越来越多。这类昆虫的增加，不仅会破坏生态平衡，而且容易散布传染病，以及影响人们的农牧业。

阿拉斯加正要跳跃瀑布的鲑鱼。由于气温升高，1993年阿拉斯加海湾的鲑鱼迁移到更冷的水域，结果造成12万只以鱼为食的海鸟饿死。（图片提供/达志影像）

阿拉斯加的驯鹿

全球气候变迁所带来的影响，既微妙又深远，要很仔细观察才能掌握脉络。例如：气候变化对北美洲的野驯鹿造成什么影响？科学家们本来不知道，但通过高空摄影的方法，计算驯鹿的数量后，才发现驯鹿变少了。经过深入调查后发现，这是因为每年春天的苍蝇变多了。苍蝇在鹿群中传染疾病，使得许多幼鹿病死了。此外，因天气变暖，温暖的空气使水汽的蒸发量增加、降雪量变多。本来驯鹿在冬天以挖掘雪堆下的苔藓为生，当积雪变厚，许多驯鹿来不及挖到苔藓就饿死或累死了。

在北极野生动物保护区的小驯鹿。（图片提供/达志影像）

加拿大枫糖浆的采集。糖枫喜欢寒冷的气候，原来也生长在美国的新英格兰地区，全球变暖后，可能只有在加拿大才能看得到了。（图片提供/达志影像）

单元11

外来物种闯天下

（图片提供/达志影像）

全球变迁的另一个重要现象，就是外来物种迅速增加。有些外来物种可以丰富人类的生活，和本土物种相安无事；有些却会破坏生态系统，令人防不胜防。

这是非常小的昆虫，叫做冷杉球蚜。它原产于欧洲，可是到了美国却成了"冷面杀手"，消灭了美国南方3/4的云杉（又称冷杉）。（图片提供/达志影像）

入侵成功

人类历史上最常引入的外来物种，应该就属农作物了。中国台湾地区常见的马铃薯、玉米、温带水果等，都不是台湾原生的种类，但经过悉心栽培和控制，适应能力良好，也不会造成环境问题。有些物种则是不请自来，例如原产于南美洲的红火蚁，可能是跟着海运货柜来到台湾，它们繁殖迅速，攻击力强，造成可怕的"虫虫危机"。

当然，并不是每一个外来物种都能入侵成功的。因为它们到了一个"人生地不熟"的环境，也要冒极大的风险，很可能在新环境中被淘汰或消灭。但它们一旦入侵成功，常会是来势汹汹，而对生态系统造成严重的威胁。美国有将近5,000种外来生物，其中有十几种，每年都要美国政府花费大把银子来加以"防治"。

斑马贝在20世纪80年代进入美国。这种小型、带有条纹的双壳贝，繁殖力惊人，很容易绵延成一整片。（图片提供/达志影像）

褐树蛇是恶名昭彰的外来物种，第二次世界大战后被引进关岛，大量捕食当地鸟类，造成关岛森林10多种鸟被消灭，包括鱼狗、秧鸡等。（图片提供/达志影像）

生物防治

对付外来物种最好的方法，是"生物防治"。因为威胁生态系统的入侵物种，其繁殖能力和速度都超强，一味捕杀不会有很好效果。若能找出这些物种在原生地有哪些天敌、哪些限制，就能找到有效的防治办法。例如：入侵红火蚁在南美洲的天敌是真菌和寄生蝇，可以引进这些真菌和寄生蝇来抑制红火蚁；但在引入之前，必须研究这些生物是否能在本地生存？会不会变成"引狼入室"，难以控制？生物防治法也许不能完全消灭红火蚁，但可以减少它们的数量，把灾害尽可能降低。

原本澳大利亚没有猫这类掠食者，当地动物也未演化出防御掠食者捕食的能力，因此当猫引进澳大利亚后，便造成了当地原生鸟类的浩劫。图为澳大利亚国家公园陈列出一天中家猫可能猎捕到的动物。（摄影/巫红霏）

欧洲椋鸟和诈骗草

物种入侵事件每天都在世界各地上演，而且随着世界各国的频繁交流，物种的散播也更迅速，其中有些演变成生态杀手。在英国大诗人莎士比亚的笔下，欧洲椋鸟是非常优雅的一种鸟，1890年时有人引入100只在纽约市中央公园释放，谁知道后来欧洲椋鸟数量激增，不只每年造成10亿美元以上的农业损失，还威胁美国的本土鸟类。

欧洲有一种草本植物，1861年在美国纽约发现，到了1928年已经蔓延全美国。它的繁殖力超强，而且能迅速浴火重生；所到之处，美国本土的草类纷纷遭殃。人们给它取一个难听的名字，叫做Cheatgrass（诈骗草）。

在美国处处可见的诈骗草。（图片提供/达志影像）

生物多样性消失

虽然我们不知道地球上到底有多少生物，但自从人类出现后，地球上的生物多样性就持续降低，以前是因为过度猎捕，如今则主要是因为栖息地消失。

 ## 第6次物种大灭绝

全球变暖，海水温度升高，珊瑚便出现白化现象而死亡。（图片提供/绿色和平）

在地球的历史上曾经历5次"物种大灭绝"事件，其发生的原因都是来自环境因素（天灾）。自从人类文明发展以后，许多科学家相信第6次大灭绝事件正在发生，而且是人为因素（人祸）所造成。美国著名的生物学家威尔森，曾整理出物种灭绝的5大原因：栖息地消失、外来物种竞争、污染、人口增长、过度猎捕。其中人口增长又是其他4种原因的火车头（潜在原因），当人口增加，其他4种原因就会愈演愈烈。

全球变暖后，北极熊将是受到影响最大的生物。2005年已有环境保护团体将北极熊申请为濒临绝种的物种。图为绿色和平组织在格陵兰特别呼吁美国重视全球变暖问题。（图片提供/绿色和平）

SAVE ME

过度猎捕与栖息地消失

当人类还在"石器时代"时，就已经开始对地球上其他生物造成威胁。到了15—16世纪"地理大发现"时代，欧洲人进入美洲、澳大利亚、新西兰以后，许多巨大的鸟类、爬行类等都在100多年内消失了，这是因为欧洲人过度猎捕，而且带来老鼠和病菌，导致当地物种灭亡。到了18世纪，欧洲人又大举移民，带来农业、家禽、宠物、传染病，再一次破坏原有的生态系统。

但最严重的破坏，是从18世纪工业革命以后持续至今。由于人口激增，人类大量砍伐森林，尤其是在"生物多样性"最丰富的热带雨林。这片广大的生态宝库，有很多物种还来不及被发现就永远消失了。如今雨林以每年被砍伐1%的速度在消失中，如果不加以改善，到了本世纪末，"雨林"将成为历史名词。

生物的多样性和栖息地的大小有直接关系。栖息地愈大，可以容纳的生物就愈丰富，而且养得起大型哺乳动物。当雨林

新西兰的恐鸟约有4米高，因人们的猎捕而灭绝。（图片提供/达志影像）

生物界的第5次末日

根据化石资料，在人类出现以前，地球曾发生5次物种大灭绝事件。专家推测，前4次可能是因为冰河突然来临，地球表面气温骤降所致；而称霸地球1亿多年的恐龙，则在第5次物种大灭绝时消失。专家在许多相关地点，都发现一层金属铱浓度特别高的地层沉淀，金属铱在地球含量极少，因此极有可能是巨大的彗星或陨石撞击地球，造成第5次物种大灭绝。

减少、栖息地缩小，大型哺乳类会首当其冲，最后淘汰到只剩昆虫、小鸟而已。如果再发生重大的气候变化，整个生态系统将会同归于尽。

2005年亚马孙森林出现严重的干旱以及森林火灾，数百万条鱼死在干涸的河道。（图片提供/绿色和平）

气候变迁对人类的影响

2005年，卡翠那飓风使美国的新奥尔良市成为废墟。同年，非洲南部的大干旱，让马拉维500万人口面临饥荒。不论是发达国家或发展中国家，气候变迁对人类的社会都有巨大的影响。

 ## 自然与人类息息相关

虽然从严谨科学的角度来说，我们不知道目前的气候变迁有多少是人类造成的。但不可逃避的是，气候变迁若造成环境改变，一定会对人类生活造成严重的影响。例如海水温度升高、两极冰帽持续融解，势必会造成有些地方被海水淹没；台风或飓风变多、变强烈，往使沿海的大都市受到致命的侵袭，这些都会对当地甚至是全球经济，造成短期或长期的影响。

泰国的老渔妇在干裂的土地上只能找到一点点贝类。（图片提供/绿色和平）

据估计，2005年气候灾害造成全球的经济损失高达2千亿美元。图为2004年查理飓风带给美洲严重损失。（图片提供/绿色和平）

对贫穷国家的冲击

富裕的国家或许能在尽量减少损失的情况下，

贫穷国家一旦遭遇气候灾害，人民连基本生活都成问题。图为非洲莱索托山区居民正排队领取国际救济的粮食，当地因长久干旱而粮食短缺。（图片提供/欧新社）

热带传染病卷土重来

第二次世界大战后，许多国家从战争的混乱中复原，致力于经济发展和公共卫生，许多热带传染病如疟疾、登革热等，已经在许多地方绝迹。由于许多病毒和细菌无法在低温的状态下存在，传播传染病的昆虫也需要一定的高温才能生存，因此传染病多出现在热带地区。但气候变迁所造成的影响，却可能使传染力强的热带传染病卷土重来，再加上全球化的脚步，它们可能会以更快的速度在全球不同的地区散播。

2004年孟加拉的水灾，不仅淹没家园，也带来疾病，图中的孩子正排队领药。（图片提供/欧新社）

以完善的政策和经费面对这些改变，例如兴建堤防、迁徙低洼地区人口、改善保险理赔的制度等。但是贫穷的国家就不一定有办法了，例如孟加拉在恒河与雅鲁藏布江出海口的低洼三角洲，有着肥沃的耕地和数以千万计的农民。1991年这里曾遭受台风侵袭，造成14万人丧生，但如今仍然有许多人留在当地，因为他们没有别的地方可去。

气候变迁也影响各地粮食的生产。由于气候变迁会影响地球季风，若热带国家在重要的生产季节中降雨不足，粮食便会减产，因为当地人没有其他方法取得灌溉用水。这些地区大多穷困，粮食出口是重要的经济来源，一旦粮食减产，人民生活将受到严重影响。反观温带的富裕国家，地球气温升高将使当地气候变得温和，缩短酷寒的时间，粮食的产量反而在气候变迁下增加。

可持续发展，珍惜地球

1987年，联合国世界环境与发展委员会出版《我们的未来》一书，将"可持续发展（Sustainble Development）"的概念定义为："既能满足现今的需求，又能不损害而且满足后代人们需求的发展模式。"

冰岛有丰富的地热，可以用来作为能源。（图片提供/绿色和平）

 ## 可持续发展与绿色运动

大量开采石化燃料以作为能源，将严重影响全球环境。图为绿色和平组织在德国工厂进行的抗议。（图片提供/绿色和平）

"可持续发展"的观念起源于20世纪80年代兴起的"绿色运动"，这是世界性的环保运动。它的远因是在20世纪60年代，当时许多欧美的富裕国家，在非洲、南美洲的贫穷国家大量收购农地，种植咖啡和甘蔗。由于咖啡和糖的市场价格惨跌，使这些贫穷国家经济崩溃；加上农地管理不当，水土流失，农药污染，生态破坏，使得土地沙漠化，甚至引起饥荒。环保人士有鉴于这种惨痛教训，因此提出"可持续发展"的观念，提醒人类不要胡作非为，盲目破坏地球的环境。

全球变迁是国际性、全民的问题，需要世界各国一起合作，研讨改善的方法。图为2004年在东京举行的地球观测会议。（图片提供/欧新社）

为了改善全球变迁问题，应积极开发再生能源。图为冰岛首府所设的氢燃料站，当地已有3种使用氢燃料的巴士。（图片提供/绿色和平）

可持续发展面临的困境

"可持续发展"的意义有两个层面：第一个层面是"可持续"，所以要保护生态、节省能源；第二个层面是"发展"，也就是在可持续的前提下，发展经济、满足需求。如何兼顾这两个层面？这是对人类智慧最大的考验。例如核电厂的兴建，支持者认为它可以减少温室气体的排放；反对者认为核废料是"毒害万年"的长期性污染源，并不环保。

这种争议，随着世界贫富差异的悬殊而更加尖锐。目前全球仍有10亿左右的饥饿人口，为了填饱肚子，对可持续发展无法感同身受；也有许多掠夺资源的跨国

生态足迹

"生态足迹"的观念，是1994年由加拿大学者提出来的。简单来说，就是把人类对自然资源的使用量，转换为土地面积，让人一目了然。例如自然界供应一个吃肉者所花的成本，若换成土地面积，就远比供应一个吃素者来得大。又如：假使全世界都以美国、加拿大的生活方式过日子，我们一共需要3个地球才够用。如今地球的60亿人口中，最富裕的10亿人消耗了75%的资源，不仅违反公平和正义，也违背"可持续发展"的原则。

集团，为了追求利润，对可持续发展不表支持。最重要的是，只要人口持续增加，人类与自然就会冲突不断。

英语关键词

全球气候变迁	global climate change	热浪	heat wave
全球化	globalization	暴风雪	snow strom
气候	climate	温室效应	greenhouse effect
变迁	change	温室气体	greenhouse gas(es)
变暖	warming	温室	greenhouse
冰河	glacier	缓冲作用	buffer effect
极端气候	extreme weather	短波辐射	shortwave radiation
平均温度	average temperature	长波辐射	longwave radiation
降雨	precipitation	红外线	infrared rays
蒸散	transpiration	反射	reflection
强度	intensity	吸收	absorb
浓度	concentration	排放	emit
泥石流	debris flow	大气层	aerosphere
干旱	drought	石化燃料	fossil fuel
台风	typhoon	太阳能	solar energy
飓风	hurricane	臭氧层	ozone layer
龙卷风	tornado	京都议定书	Kyoto Protocol

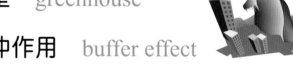

圣婴现象　el niñõ

都市热岛效应　urban heat island effect

反圣婴现象　la niña

海平面　sea level

沙漠化　desertification

季风　monsoon

沙尘暴　dust storm

外来物种　alien species

生物多样性　biodiversity

引进物种　imported species

大灭绝　great extinction

入侵物种　invasive species

化石资料　fossil records

特有生物　endemic species

铱　iridium (Ir)

生物防治　biological control

栖息地破坏　habitat destruction

引进　importation

过度猎捕　over-harvesting

竞争　competition

污染　pollution

散布　disperse

热带雨林　tropical rainforest

迁移　immigration

可持续　sustainability

绝种　extinction

可持续发展　sustainable development

入侵红火蚁　imported red fire ants (IRFA)

生态足迹　ecological footprint

资源回收　recycle

土地利用　land usage

生物可分解　biodegradable

新视野学习单

1 请举出全球变迁的现象，至少3个。

（答案在06—07页）

2 人类的发展和环境变迁有什么关联? 请选出正确的答案。 （多选）
（　）早期人类的活动，并不会影响环境。
（　）人口增加是影响环境的重要因素之一。
（　）当人类进入工业革命之后，对于环境的影响加剧。
（　）地球环境的变迁都是人类造成的。

（答案在08—09页）

3 连连看，下列的温室气体是出自哪里?

石化燃料·　　　　　　·甲烷
动物的排泄物·　　　　·氧化亚硫
氮肥·　　　　　　　　·氟氯碳化合物
喷雾剂的喷剂·　　　　·六氟化硫
网球·　　　　　　　　·二氧化碳

（答案在12—15页）

4 下列哪些方式有助于减缓温室气体的增加? 请打✓。
（　）随手关灯
（　）尽量自己开车
（　）搭乘大众交通工具
（　）多多种植树木
（　）夏天时尽量开空调

（答案在14—15页）

5 连连看，下面情形，哪些是"圣婴现象"、哪些是"正常气候"、哪些又是"反圣婴现象"?

　　　　　　　　·东太平洋形成丰富的渔场。
圣婴现象·　　　·赤道两侧的太平洋，海水从东往西流动。
　　　　　　　　·赤道两侧的太平洋，海水从西往东流动。
正常气候·　　　·美洲的太平洋沿岸，严重水灾。
　　　　　　　　·美洲的太平洋沿岸，雨量反常减少。
反圣婴现象·　　·澳大利亚、印尼一带，严重旱灾。
　　　　　　　　·澳大利亚、印尼一带，雨量反常增加。

（答案在18—19页）

6 关于"沙漠化"与"沙尘暴"的叙述，对的请画○，错的请打×。

（　）沙漠化的成因和沙漠外围草原消失有关。
（　）沙漠化的形成和沙漠有关，和人类并无关系。
（　）沙尘暴的起因除了要有沙源，还要有强风吹送。
（　）沙尘暴只是空气中多点风沙，对人畜影响不大。
（　）沙尘暴会使建筑受损、土壤流失、人类生病。

（答案在22—23页）

7 动植物迁移和全球变迁有什么关联？请选出正确的。

（　）气候变迁会迫使某些物种迁徙，例如云杉因冰河后退而北移。
（　）北极熊因为气候日渐温暖，活动范围大增。
（　）阿拉斯加的鲑鱼因为气候变暖而北移，造成原水域食物链失调，许多海鸟因此饿死。
（　）气候的变暖使得许多物种活动范围北移，造成新的一波生态冲击。

（答案在24—25页）

8 关于外来物种，下面哪些叙述是正确的？

1. 外来物种都会威胁本土物种。
2. 有些外来物种是混在船只、飞机等偷渡进入。
3. 有些外来物种是被人们引进，例如作为宠物、园艺、农作物等。
4. 对付有害的外来物种，最好是用人力不断捕杀。

（答案在26—27页）

9 地球上的生物为什么会消失？对的请画○，错的请打×。

（　）地球曾发生过的物种大灭绝，都和人类有关。
（　）现代的物种灭绝，主要原因是栖息地消失。
（　）人口增加和栖息地消失没有关系。
（　）热带雨林的生物多样性最丰富。
（　）栖息地愈大，生物多样性愈丰富。

（答案在28—29页）

10 什么是生态足迹？想想看，你可以做些什么，使自己（或别人）的生态足迹缩小些？

（答案在32—33页）

■■ 我想知道……

这里有30个有意思的问题，请你沿着格子前进，找出答案，你将会有意想不到的惊喜哦！

开始！

"全球变迁"是什么？
P.06

20世纪地球平均气温升高几度？
P.10

未来的地球平会升高

什么是"反圣婴现象"？
P.19

为什么都市的气温会比较高？
P.20

如果亚马孙雨林消失了，会对地球有什么影响？
P.21

太棒赢得金牌。

为什么称"圣婴现象"？
P.19

为什么气候变迁对穷国影响较大？
P.31

生态足迹愈大愈好吗？
P.33

吃肉和吃素的人，谁的生态足迹比较大？
P.33

"圣婴现象"会带来怎样的后果？
P.19

太厉害了，非洲金牌也是你的！

全球变暖对哪种动物影响最大？
P.28

生物防治可以克服外来物种的问题吗？
P.27

颁发洲金

海平面的上升原因有哪些？
P.17

哪个国家的二氧化碳排放量最高？
P.15

动物的排泄物会释放哪种温室气体？
P.15

京都议在2100的气温